土木工程

撰文/李维峰　王昭雯　　　　审订/吴伟特

中国盲文出版社

怎样使用《新视野学习百科》？

> 请带着好奇、快乐的心情，
> 展开一趟丰富、有趣的学习旅程！

1 开始正式进入本书之前，请先戴上神奇的思考帽，从书名想一想，这本书可能会说些什么呢？

2 神奇的思考帽一共有6顶，每次戴上一顶，并根据帽子下的指示来动动脑。

3 接下来，进入目录，浏览一下，看看这本书的结构是什么，可以帮助你建立整体的概念。

4 现在，开始正式进行这本书的探索啰！本书共14个单元，循序渐进，系统地说明本书主要知识。

5 英语关键词：选取在日常生活中实用的相关英语单词，让你随时可以秀一下，也可以帮助上网找资料。

6 新视野学习单：各式各样的题目设计，帮助加深学习效果。

7 我想知道……：这本书也可以倒过来读呢！你可以从最后这个单元的各种问题，来学习本书的各种知识，让阅读和学习更有变化！

神奇的思考帽

客观地想一想

用直觉想一想

想一想优点

想一想缺点

想得越有创意越好

综合起来想一想

? 在日常生活中，你会接触到哪些土木工程？

? 隧道给你的第一印象是什么？

? 水利工程有什么重要性？

? 土地开发会造成什么问题？

? 如果你是土木工程师，你最想挑战哪类工程？

? 要完成一项土木工程，需要哪些人的合作？

目录

■神奇的思考帽

CONTENTS

什么是土木工程

（约翰·史密顿肖像，图片提供/维基百科）

土木工程的范围很广，包括房屋建筑、水利、运输、环境、能源等各类工程，与生活相关设施的建造，都是土木工程，我们的衣食住行都和它息息相关，尤其是住与行。

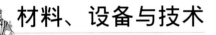

材料、设备与技术

土木工程的完成主要包含三大项目：材料、设备与技术。以著名的埃及金字塔为例，建材以石块为主。石材建筑物所需承受的重量极大，因此石材的品质选择与管控非常重要，会影响到施工及建筑物的品质，而这些巨

经纬仪是测量水平角、垂直角和定线的基本测量仪器。（图片提供/GFDL，摄影/David Shay）

埃及的胡夫金字塔，建于约4,500年前的古王国时期，由每块超过2吨的石灰石砌成。（图片提供/维基百科，摄影/Espen Birkelund）

大石材的运送也必须详细规划。接下来，如何将石块建成宏伟的金字塔，便牵涉到设备和技术。由于没有留下任何文献，因此现代的研究对于上述问题有几种推想：一种是用一个巨大的杠杆，一端用绳子绑住石块，另一端通过人力将石块吊往上方，然后将石块逐步往上堆砌，即应用杠杆原理；另一种推测是用土堆成斜坡，利用木质滚轴将石块拉上去，土堆环绕金字塔螺旋上升，也有可能两种方法都使用。

土木工程的执行流程

土木工程的执行流程有调查规划、设计和施工三个阶段，施工完成还有后续的运营和维护。以古代中国的万里长城为例，这是为抵御北方游牧民族侵袭而修筑的军事工程，规模浩大，沿线的各地地形都不同，因此建造之前势必要做现场的勘察，如地质的调查和地形地

土木工程之父

"土木工程"的英语是civil engineering，civil是平民的意思，因为土木工程最初是指非军事用途的民生工程，后来才不再区分。至于第一位自称是土木工程师的则是英国的约翰·史密顿（John Smeaton，1724—1792），他也被认为是土木工程之父。他擅长桥梁、运河、港口、灯塔的工程，曾受英国皇家学会的委托在普利茅斯外海礁群兴建涡石灯塔，由于当地不断有风浪拍击，因此他以一种具有水硬性的新材料来建造，也就是将石灰掺入泥土烧制，并写在施工日记中，是文献中最早出现水泥的纪录。他的这项发明也影响了后来波特兰水泥（1824年）的重要发明。

1771年史密顿在英国伯斯完成了伯斯桥的修建，该桥经多次水灾仍屹立不摇，1869年拓宽并以铁架加强支撑。（图片提供/GFDL，摄影/Jonathan Oldenbuck）

铁路的钢轨必须维护才能保障行车安全和稳定。图中的印度工人正在更换钢轨。（图片提供/维基百科，摄影/Gopal Aggarwal）

貌的测量等。

其次，对于材料和结构，规划出适宜且最经济的方案。古代中国修建长城使用的材料是"因地制宜，就地取材"：在山地，开山取石砌墙；在黄土地带，取土夯筑为墙；在沙漠，则用芦苇或柳条，加以层层铺沙修筑成墙。最后，就是进入执行计划的施工阶段，而完工后仍要持续维护城墙，长城才能继续发挥作用。在现代，施工阶段又称营建工程，工作内容包括材料、人力、机具、工法、资金和管理。必须掌控好每一项，工程才能顺利、良好地进行并且省钱。

古代中国长城的修建。春秋战国时期各诸侯国大都修建长城来防御别国入侵，秦朝时将北方的城墙连接并延长，成为"万里长城"，之后各朝代多继续修整。北魏以前的长城以版筑夯土为主，北魏时期出现砖石结构，明朝则广泛使用石砌法、砖砌法、砖石混砌法。（绘图/刘俊男）

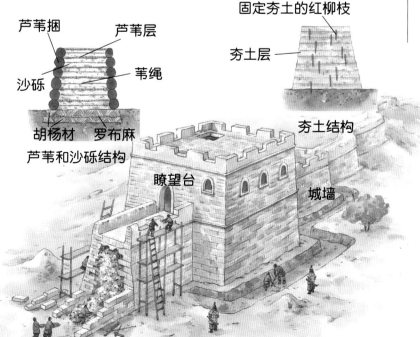

固定夯土的红柳枝
夯土层
夯土结构
芦苇捆
芦苇层
沙砾
苇绳
胡杨材　罗布麻
芦苇和沙砾结构
瞭望台
城墙

土木工程的发展

（制作泥砖：泥土混合草秆，以模子塑形压实后晒干或风干。图片提供/GFDL，摄影/Soare）

自从有人类出现，就有了简易的土木工程；直到农业时代人们逐渐定居后，开始需要固定的居所，以及往返所需的交通道路、港口，土木工程便正式出现；17世纪以后，随着近代科学与技术的发展，土木工程愈来愈精密，并发展成一个专门学科。

砖是将块状黏土冶烧而成的建材，通常搭配灰浆黏合。（图片提供/维基百科，摄影/Brice Blondel）

材料的演进

土木工程的发展最关键的就是材料，其中有三次重要的突破。一是砖瓦的出现。将天然的泥土加工成人工建材，比泥土坚硬、耐久、不易变形。中国的砖瓦出现得很早，秦汉时技术已很成熟，因此有"秦砖汉瓦"的说法。直到十八、十九世纪，砖瓦一直是主要的建材。二是钢材的使用。18世纪工业革命后，钢铁业发展迅速，到了19世纪中期，人们已能制造多种建筑钢材，钢的延展性好，抗拉性强，因此出现了大跨径的桥梁和高耸的塔楼。三是混凝土的发明。混凝土不但坚硬而且易于成形，取材也方便、便宜，自1824年波特兰水泥问世后即被大量使用。但混凝土的拉应力很小，因此又发展出将钢筋和混凝土结合的钢筋混凝土，前者抗拉，后者抗压，

用途更广泛。由于钢筋混凝土的抗拉性有限，会造成裂缝，因此20世纪中期又发明了预应力混凝土，是以强力钢线、钢索、钢棒等取代普通钢筋，并先施力，使材料的抗拉性加强，这种材料使建筑物的跨径再次加长。现在钢筋混凝土和预应力混凝土成了主要的工程材料，建筑物的规模得以越来越大。

技术的演进

当新材料不断出现时，相关理论也随着出现，较关键的是17世纪伽利略对结构的定量分

钢筋混凝土是将钢筋固定在墙柱中心，架模板后注入混凝土。图中的建筑工人在绑钢筋。（图片提供/维基百科，摄影/Rebar Tying）

西班牙一处建筑工地正在进行灌浆作业，即现浇混凝土。（图片提供/维基百科，摄影/Magnus Colossus）

混凝土和水泥

在施工现场，我们常看见水泥车进进出出，而工地上也堆着沙堆、碎石堆，这些都是准备制作混凝土的材料。混凝土中要有胶着剂，然后加入水，将沙、石等混合起来，自1824年波特兰水泥发明后，便以水泥为主要的胶凝材料。公元前非洲和亚洲人都曾利用石膏、石灰、火山灰等作胶着剂，可以说是现代混凝土的前身，但到古罗马帝国时期才当建材使用。

水泥的发明主要是为了改善石灰的性能，因为石灰会被水中的碳酸侵蚀，无法耐久，若加入黏土和沙便成为三合土，不怕风吹雨打。现代的水泥是1824年英人阿斯普丁（Joseph Aspdin，1778—1855）发明的波特兰水泥，以石灰石加入黏土烧制而成，因为硬化后的颜色类似英国波特兰所产的石材，因此而得名。

析，使土木工程开始有了理论基础，并进入近代土木工程的阶段。自牛顿的力学开始，各种相关理论陆续出现，例如水力学、材料力学、结构分析、土壤力学等，都有助于工程的设计。在工程测量方面，测量学和测量仪器的发展，以及卫星定位、遥测等先进技术，使工程人员能更好地掌握场地的勘察。至于施工的部分，由于动力机械和电脑的发明，使施工方式从人力操作转为机械化，甚至自动化。一般来说，第二次世界大战后，土木工程已进入现代阶段，材料朝向轻质、高强度发展，施工方式也采用工业化大量生产的方式。

近代的土木工程在材料、技术、机具上都有很大的发展。图为日本大阪一栋以钢为主建材的高楼，钢材用塔式起重机吊至顶层施工。（图片提供/富尔特）

结构工程

（西班牙巴利阿里群岛上的石墙有3,000多年历史，属于堆积型结构。图片提供/维基百科，摄影/SiGarb）

所有的工程人员在进行施工时，最担心的就是倒塌。结构工程便是分析和设计如何让建筑物可以承受或阻挡各种载重，以免倒塌，结构与力学的关系密切，也是每项工程都必须面对的问题。

美国郊区住宅以木结构建筑为主流，但地基采用钢筋混凝土。（图片提供/GFDL，摄影/Jaksmata）

结构的类型

结构工程研究各种建筑物的主体，例如房屋、桥梁、水坝等是建筑物，其中的梁、柱、墙板、楼板、拱圈等是主体，主体的组合就是结构。根据材料的不同，结构有不同的类型：土石结构、木结构、钢结构、钢筋混凝土结构。前两者较早出现，中国古代的建筑多采用木结构，但容易受到破坏，因此极少留存下来；土石结构包括砖结构，至今仍相当普遍。钢结构和钢筋混凝土结构则是近100多年才出现的，最著名的钢结构当属法国埃菲

尔铁塔；现代的房屋建筑普遍是钢筋混凝土结构，若是超高建筑才采用较轻的钢结构。根据结构的形式和受力方式，可分为堆积型、拱型、吊索型、梁型、桁架型、板壳型等。另外，一般房屋建筑的结构为刚性，即梁和柱子之间的角度是固定的。

现代建筑大多由三度空间的结构组成：支撑楼板的梁、支撑梁的柱、打入地下支撑柱的地基，这几部分共同组成矩形立方格。（绘图/吴仪宽）

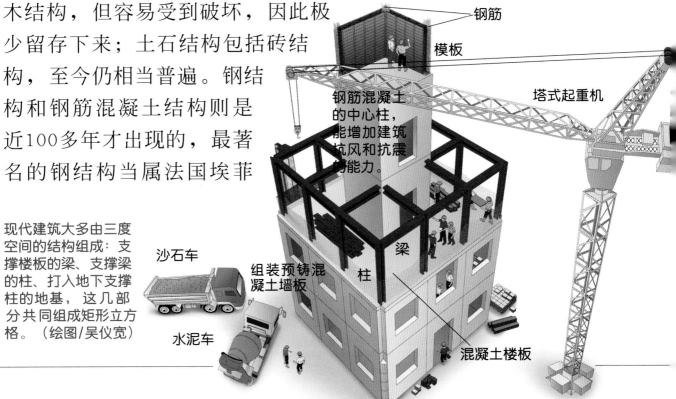

钢筋
模板
塔式起重机
钢筋混凝土的中心柱，能增加建筑抗风和抗震的能力。
沙石车
组装预铸混凝土墙板
梁
柱
水泥车
混凝土楼板

建筑物的避震器

汽车有避震器，建筑物也有避震器。建筑物看似坚固，实际上并非是完全刚硬，也有微小的弹性存在，因此会有非常轻微的摆动，幅度很小，可能来回摆动1次的周期只有几秒。但是遇到强风或地震时，摆动就会很强烈，甚至开始和风力、地震力产生共振现象，将有倒塌的危险。为了削弱建筑物振动的力量，现代的工程师便安置了阻尼器。阻尼器的种类很多，例如将厚重的混凝土块加上弹簧，然后连接到建筑物的顶层。阻尼器的摆动周期和建筑物摆动时一样，但是方向相反，因此可以抵消或缓和建筑物的振动。台北的101大楼和高雄85大楼，都采用了阻尼器，但形式不尽相同。

吊桥是以悬空缆索支撑桥面，属于吊索型结构。（图片提供/维基百科，摄影/Terje Viken）

载重

一个结构物会受到哪些力呢？一是来自建筑物本身的重量，称为"自载重"；二是来自承载的物体如人、车、货物、设备等，称为"活载重"，重量不固定；三是突然的外力，称为"动载重"，如风力、地震等。结构工程必须考虑这三类载重，以吊桥为例，要能够支撑吊桥本身的重量和人车往来时的重量，有些吊桥限制桥上人数，以控制活载重。此外还要能承受风力。大楼同样要考虑风力的影响，尤其是摩天大楼，因为风力大小和建筑物高度的平方成正比。地震对建筑的破坏力十分强大，在人口密集的都市，伤害尤其严重，因此如何防震是现代土木工程的重点。许多国家定有建筑物承受地震的各项标准，例如最小地震总横力。

台北101大楼内的阻尼器。（图片提供/维基百科，摄影/Huaiwei）

增加建筑物抗震力的方法之一，是在房屋和地面间装置隔震体。（绘图/施佳芬）

装有隔震体的砖造房屋，地震波的冲击被隔震体抵消。

无隔震体的房屋，受地震波冲击，产生张力而倾斜、造成裂纹。

隔震体　　地基　　地基

大地工程

(护坡也属于大地工程，摄影/庄燕姿)

大地工程是一个非常古老却又需要求新求变的专业学问，主要是解决各项工程中的土地载重问题。现代的工程规模越来越大，楼层越来越高，因此大地工程的地位更显关键。

营建工程的基础奠定于大地工程，图中正在进行地基和地下室的施工。（摄影/张君豪）

大地工程的类型

大地工程的领域很广，包含土地承载力、沉陷现象、工程地质的调查和分析，以及在土层或岩盘中施工的工程，如地块的改良、地下空间的开挖、稳定边坡、隧道的钻掘等等。总的来说，大地工程师的工作是对土壤或岩石在不同环境或情况下所可能产生的任何行为变化进行研究，了解其地质条件与工程性质相互的影响，作为后续结构的设计与施工的依据。例如在崇山峻岭中，如何克服地质与地形的多变性，以开辟隧道并确保未来隧道的安全稳固；或如何在都市有限的空间中，开发都市的地下空间，而不会影响邻近结构物的地基。

工程的基础

许多工程我们只看到地面上的建筑物，实际上还有看不见的地下基础工程，这就属于大地工程

西班牙东南部的索尔巴斯地区多山，且属于石灰岩地质，多地下洞穴，修筑公路不易。地质调查、测量、边坡稳定分析等都属于大地工程。（图片提供/达志影像）

桩是地基的构件之一。图为以打桩机将工字钢桩打入地下。（图片提供/GFDL，摄影/ZueJay）

的一环。换句话说，大地工程几乎和各种营建工程都有关系。根据建筑物不同的需求，基础工程大致可分为浅基础和深基础。若是建筑物不高、地表的土层或岩盘也相当坚实，便可利用浅基础，例如普通公寓是用单柱将各种载重传到基础地层，而新近发展的地下停车场则用大型基础版来承担载重，称为筏式基础。深基础的方式有很多种，常见的有利用沉箱、基桩等将载重传到地下深处。沉箱大多使用于堤岸、跨河桥梁等，基桩则常见于超高大楼的地基。如果地层条件实在太差，就要先进行地块改良，例如排水、夯实、置换、固结等。

以GeoProbe软件整合震波探针资料绘制的地下构造3D模型，不同颜色代表不同地层。（图片提供/达志影像）

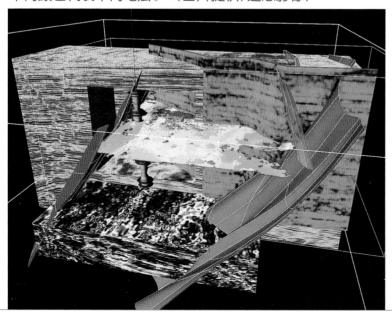

比萨斜塔

比萨斜塔位于意大利中部比萨城内的教堂广场上，1174年开始兴建，中间因战争与主体构造的倾斜而停工100多年，1350年才完工。原是一座钟楼，因地层土壤沉陷而倾斜，成为著名的观光景点。当初的设计，钟楼应该是笔直而非故意倾斜的。由于建造之前，设计者与施工者忽略了当地是属于冲积层非常松软的地质，而设计了仅3米的地基，又选择超重的大理石作为塔身的材料，因此施工到第3层便开始倾斜。所幸工程拖延很久，使得地下土层在塔的倾斜过程中被慢慢压实，才能挺住斜塔。为防止斜塔完全倾倒，由波兰籍工程师亚米欧夫斯基主导，用钢索强化塔身、清理地基、以地锚固定等，维持斜度。

建造比萨斜塔时为了调整斜度，第4层起略向北歪斜，因此整个塔有点弯曲。（图片提供/维基百科，摄影/Jan Drewes）

道路工程

道路工程是交通工程下的一大项目，道路的发展与交通工具的进步息息相关，从人类步行而发展出的步道，到以马匹或马车代步而发展出的马车道，之后再演变成公路。道路联系了各地的资源，也开拓了人类的视野。

道路的类型

最原始的道路是人类踏出的步道，范围就局限在步行可到的区域。之后因文明和交通工具的发展，人类有了远行的能力，道路的规模愈来愈大，从以三合土稳定路面，到用砾石、沥青混凝土和水泥混凝土铺筑，变得更坚固耐用。除了施工技术上的进步，公路网络的规划也愈来愈受重视，并与海运、空运等运输系统联系起来。公路可分为一般公路、高速公路，后者没有红绿灯等停顿点，也减少出入口，以维持同向车辆的高速行进。

澳大利亚克雷琼斯隧道的第一台隧道钻掘机"玛地达"。（图片提供/GFDL，摄影/Erikt9）

隧道和桥梁

当道路工程遇到困难地形如山区

立交桥是让不同道路在不同高度交错的结构，有斜坡供车辆改行其他道路，能减少不同向车辆的交点，使交通更顺畅。图为美国达拉斯附近的立交桥。（图片提供/达志影像）

时，可能需要挖掘隧道。若遇河流或深谷则需架设桥梁。人工隧道最早是以人力挖掘，运用加热再泼水的温度变化使岩石碎裂。火药发明后，可先爆破出主要范围，省去不少劳力。最近则采用盾构机——隧道钻掘机（TBM），更省力、更精确，施工引起的振动也比火药小得多。隧道的稳固性很重要，其结构要支撑隧道上方的重量，因此一般都呈拱型。

早期的桥梁短而且载重不大，之后因交通工具的发展，

需要载重量更大的桥梁。建造技术和材料的进步，使桥梁愈建愈长，如世界最长的吊桥日本明石海峡大桥，连接四国岛和本州岛，全长3,911米，主跨距长1,991米。除了传统的石砖砌拱桥、木桥，还有铁桥、钢筋混凝土桥等，以及考虑景观、设计上别出心裁的桥梁，如斜张桥。

立交桥的几何形式，设计时视道路方向、流量和车辆行进速率的差异而调整。（绘图/施佳芬）

古代的快速道路

西班牙米诺卡岛上的古罗马道路，路面铺设得紧密平整。（图片提供/维基百科，摄影/Francisco Valverde）

道路的便利性与国家的发展和内部联系关系密切，发达的交通运输能让各地保持联络、互通有无。例如古罗马帝国为了军事统治的需要，修筑了约8万千米的道路系统，路面以石料铺砌，宽度精准，因此有"条条大路通罗马"的俗谚，这些道路也影响到后来的民族大迁徙和基督教的传播，至今在欧洲仍保留许多残迹。中国秦朝的马车道也很有名，秦始皇统一六国后，修整并连接各处道路，建造由京师咸阳通往全国各地的驰道，驰道宽约70米，可让50辆马车并行，路面平整并高出地面以利排水，每隔10千米建一亭，作为治安管理所、行人招呼站和邮传交接处，可以说是当时的高速公路。

常见的桥梁类型。（绘图/穆雅卿）

平板桥：最原始的形式。

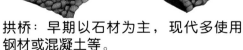

拱桥：早期以石材为主，现代多使用钢材或混凝土等。

悬臂桥：为了减少桥下的拱架而发展出来。

吊桥：重量较轻巧又能实现大跨度。

斜张桥：直接从桥塔拉索固定桥面，常应用在中等跨度的桥梁。

轨道工程

（美国田纳西州瞭望山的登山铁路，最陡处为72.5度。图片提供/GFDL，摄影/Teke）

轨道通常是指供有凸缘轮的车辆行走的两条平行钢轨，车辆以机车牵引或自备动力。陆地运输除了公路系统，轨道系统也扮演着重要的角色，它的路径经过"槽化"，使车轮在平滑的轨道上滚动，能平稳行驶、节省能量、增加负重。

轨道的历史

2,000年前，希腊已经有让马车行驶的轨道。最早的铁路，则出现在16世纪的欧洲矿区。工业革命时期，因有大量物资、人力运输的需求，加上蒸汽引擎

都市人口密集，土地有限，轨道系统通常会地下化。图为法国巴黎的区域特快铁路月台。（图片提供/维基百科，摄影/austinevan）

的发明，诞生了蒸汽火车。第一条商业铁路，出现在1825年的英国，连接斯托克顿和达林顿，长约20多千米，用来运货。自此铁路渐渐在英国和全世界风行起来，成为世界上载客量最高的交通工具。城市轨道系统和高速铁路系统，都属于轨道运输。

轨道系统后来发展出许多变化，图为美国孟菲斯市内的悬挂式单轨电车。（图片提供/GFDL，摄影/Nightryder84）

高速铁路

第二次世界大战后，汽车和航空运输愈来愈发达，使铁路运输开始走下坡路，于是发展出更新更快的铁路运输，以争取乘客。1964年第一条高速铁路开始商业运营——日本的东海道新干线，连接东京和大阪。高速铁路路线大多连接人口密集的都市，乘客较多，例如欧洲第一条高速铁路为法国高速铁路（TGV，train a grande vitesse），连接巴黎和里昂两大城市。高速铁路也能以原有轨道改建，必要时加建新路线，以节省成本，例如德国高速铁路（ICE，Inter City Experimental），列车交错运转于新旧路线之间。

曾在日本东海道·山阳新干线服役的部分车种，自左起为：100系、0系、N700系、300系。（图片提供/GFDL，摄影/Pagemoral）

轨道的铺设

无论是过去的蒸汽火车还是先进的高速铁路，施工上最重要的就是轨道的铺设。轨道并非只在一般平地铺设，也要配合地形而翻山越岭，因此轨道可能穿越山陵或跨越山谷，这时就必须开挖隧道与架设桥梁。至于城市的轨道交通系统，受限于地表密集的建筑物，以及避免行驶的噪音影响路旁的住宅，往往铺设在地下，因此深开挖技术也相当重要。

轨道强度及承受压力是工程设计的重点，因为列车通过的速度愈快，轨道就需要愈高的承受强度。另外，还要铺设枕木，尽量降低轨道的振动，让列车行进平稳，以避免发生脱轨甚至颠覆的危险。高速铁路的运营速度超过时速200千米，更讲求安全与舒适，因此路线设计、沿线的设施规划、材料的选择和施工技术都要采用更高的标准和精密度。

电车在19世纪时取代街头的马车，又渐渐被公共汽车取代，今日美洲、欧洲等地仍有轻轨电车运行。上图为法国巴黎的路面电车。（图片提供/GFDL，摄影/David Monniaux）

德国高速铁路用的路轨底板为水泥钢枕座。图中正在设置钢枕座，之后钢轨将固定在上面。（图片提供/维基百科，摄影/Sebastian Terfloth）

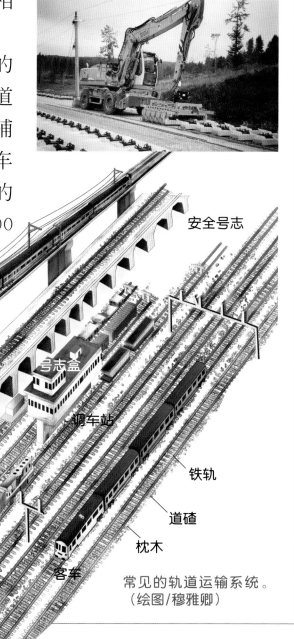

安全号志

电力线立柱　高速铁路

电力线

调车站

铁轨

道碴

侧线

柴油调车头

平交道

枕木

柴油货车

客车

常见的轨道运输系统。
（绘图/穆雅卿）

水利工程

（闸门能调节水量，是水利灌溉系统的一部分。摄影/庄燕姿）

古代诺亚方舟和大禹治水的传说，显示洪水带给人类的冲击。而一般人们的日常生活和各项产业的运作都离不开水。水利工程就是为了防治水的各种灾害，如污染、水患等，以及适当、有效地利用水资源。

水资源的调节

人类能运用的水资源以雨水为主。虽然我们能推测雨量多或少的时期，但无法预测降雨量和几率，因此通常以堤防和疏导的方式解决水患问题。这类工程要事先做彻底的测量调查，尽量顺着原河道规划水路走向、宽度等，以发挥最大效率，甚至有更多功能。中国的岷江，从山区进入四川时地形骤降，容易

三峡大坝是目前世界上最大的混凝土重力坝，坝长2,355米。图为三峡大坝的右岸大坝施工。（图片提供/达志影像）

都江堰的鱼嘴和外江堰。鱼嘴将岷江分成内江和外江，前者灌溉，后者排洪。（图片提供/GFDL，摄影/Huowax）

发生水灾，战国时李冰父子设计监造都江堰以调节水流，防止水患并增加灌溉面积，经过历代改建成为三部分：分水的鱼嘴、溢洪排沙的飞沙堰和引水的宝瓶口，有防洪排沙、水运、城市供水等功能，除了做好水的控制，也充分利用了水资源。

除了水"量"的调节，现代的污染问题日益严重，因此保持水"质"也十分重要，最好直接从引水的源头着手，保护水和土壤，也就是做好水的涵养。此外，也要建立和完善地下水道、处理工业废水等，以免造成水污染。

预力垂直悬臂坝：混凝土中安放预力钢筋的垂直水坝。

常见的水坝类型。（绘图/施佳芬）

撑墙坝：适用于缺乏坚硬岩壁的宽峡谷。

拱坝：利用拱形将水的压力传至两侧山壁，坝体本身较薄。

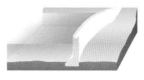

双曲面拱坝：圆弧构造让坝体更坚固。

重力坝：靠坝体重量维持稳定，通常以混凝土建造。

大型水利工程

堤防、蓄水池等属于较地区性的水利工程，还有规模更大、影响范围更广的水库和灌溉系统。早期人类就有简单的蓄水库，供缺水季节的饮用和灌溉，水坝材料为就地取材，如木、竹和石头等。现代水库的供水范围更大，通常选择在地质稳固的河谷兴建，地质稳定则淤积量较少、较能抵挡蓄水的强大水压，狭窄的河谷则只需兴建较窄的水坝。水坝有重力坝、拱坝等类型，前者是厚重的土墙或混凝土墙，以自身重量抵抗水压；后者为薄而有曲面的混凝土坝，利用其拱形将水压传到山壁。有的水库兼作水力发电，例如中国的长江三峡大坝，建立在坚硬的花岗岩上，为混凝土重力坝，正常蓄水位175米，发电量可达1,800亿千瓦，远洋货轮能沿长江驶到重庆，具有防洪、发电和航运三大效益。

地下水库

水库是和我们生活密切相关的水利工程，但可不一定要建在地面！地下水库又称地下水人工补注法，是以渗井等人为方式将地面水转入地下，补充地下含水层的水量，以保存丰水期的雨水，留至枯水期时再使用。建立地下水库，首先要有适合的水文地质条件，例如适当的天然地下含水层；其次要有稳定充裕的水源，并考虑蓄水效益、兴建的工程难度和经费。美国得克萨斯州圣安东尼奥市的主要水源就是爱德华兹地下水库，由多孔隙的爱德华兹石灰岩层构成。另外，日本崎玉县有"首都圈外郭放水路"，在地下50米处设置长6.3千米、直径10米的地下水道，并有高60米、直径30米的5个立坑，储存的雨水供消防用水，整套系统都是人为工程。

日本的"首都圈外郭放水路"内部，未蓄水时的景观。（摄影/李维峰）

环境工程

（匈牙利首都布达佩斯的人孔盖，图片提供/维基百科，摄影/Lenora Genovese）

环境工程解决和防治各种环境问题，进而规划出良好的居住环境，以维护个人和社会全体的健康，范围十分广泛，包括自来水的供应，以及废水、废气、废弃物的处理等。

美国达拉斯的污水处理厂。圆形池为沉池或沉沙池，去除沙泥或沙砾。还有化学混凝池、接触氧化池、调匀池等，各有不同功能。（图片提供/达志影像）

水的环境工程

与水有关的环境工程有自来水处理、公共供水系统、污水处理和下水道等。自来水处理是去除杂质、化学物质、有机物等的过程，净化后的水经公共供水系统输送至各用户。最著名的古代输水系统在罗马帝国，以加盖

径流流入路边的雨水下水道入水口。（图片提供/维基百科，摄影/Robert Lawton）

巴黎下水道的管理

巴黎下水道历史悠久，还设立博物馆，开放部分区段供游客参观。（图片提供/维基百科，摄影/Rama）

巴黎的下水道系统有悠久的历史，自19世纪末期开始兴建，总长超过2,400千米，超过百年的区段属于历史文物，也是观光路线之一。目前巴黎市政府计划更新管道，并逐步替换所有含铅设备，以避免铅渗入水中。

巴黎下水道每年收集的残存物多达1万立方米，除了继续沿用19世纪工程师以发动机清除的技术，也使用虹吸管、高压水柱和处理沙石的唧筒卡车等现代工具。巴黎也利用现代技术管理下水道，例如以地理信息系统定期观察地下管道，追踪是否已达到需要清除的程度。优秀的设计概念和良好的管理，使下水道成了巴黎重要的疏洪工程，每逢大雨，便能有效排除地面降水，使这座美丽的城市免于水灾之患。

的壕沟或隧道为主，当时使用的材料是石、砖、木等，到了20世纪，普遍改用铁、钢筋混凝土、钢等。

污水处理是去除家庭污水和工业废水中的病原体、油和化学物质等的过程，由污水处理厂执行。下水道分为雨水下水道及污水下水道，前者排放流入管道的降水或地面径流，后者排放使用过的污水。雨水无须做污水处理，所以分开排放，有的会储存起来供农业灌溉。兴建下水道工程需要挖掘技术与隧道工程技术。

法国上普罗旺斯阿尔卑斯省的垃圾掩埋场，工作人员正将废弃物铺开压实，有黄脚银鸥和红嘴鸥在上空飞舞。（图片提供/达志影像）

一般废弃物处理

一般废弃物有巨大垃圾、资源垃圾、有害垃圾、厨余和一般垃圾等。废弃物产生后，经过储存、收集、清运，最后进入处理阶段。处理阶段又分中间处理、最终处理或是再利用。

焚化炉的施工工地，后方可看到完成一半的烟囱。有的焚化炉还利用焚化垃圾的热能发电。（图片提供/达志影像）

常见的中间处理方法主要是焚化法，是将废弃物先送进焚化炉燃烧，然后将烧成的飞灰和底渣分开收集，进行最终处理，整个过程特别重视空气污染的防治。最终处理有多种方式，如：安定掩埋法适用于废玻璃、废砖瓦等安定的物质，掩埋场要有防止地块滑动、沉陷及水土保持等设施；卫生掩埋法主要用于一般垃圾，掩埋场采用不透水材质或低渗水性土壤，加强废气、渗出水的收集和处理；封闭掩埋法适用于有害垃圾，掩埋场由具有抗压性和不透水性的材质构筑，并加强污染防治，尤其应避免地下水的污染。

港口

（简单的码头，图片提供/维基百科，摄影/Randy C. Bunney）

港口可以设置在河口、河岸、海岸和湖岸，人们从港口出航捕鱼，或是运送人、货到其他港口。起初，港口并没有供船舶停靠的固定设施，而后随着船只的发展、航线拉长，港口的规模日益扩大，一般都建有以基桩或沉箱稳固的栈桥码头，作为辅助设施。

香港是天然港，加上自由贸易政策，得以成为世界10大航运中心之一。图为位于葵涌－青衣港池的货柜码头。（图片提供/达志影像）

港口的发展和设施

港口依用途可分为商港、渔港、军港、游艇港和工业专用港。过去港口多为天然港，18世纪后，贸易规模扩大，许多大船频繁来往，港口为了配合使用需求，开始人工扩展或加深。现代

日本北海道的宇登吕港，参观知床国家公园的观光船由此出航。图中可看到港口两侧一红一白的灯杆、防波堤、码头、停靠的船只等。（图片提供/达志影像）

港口建设时，除了预先的勘探调查，规划上要考虑停泊船只的大小、装卸动线、水陆联运等因素，设备要能对抗风力、潮汐等自然力。港口设施繁多，有码头、防波堤、灯塔、

灯杆、仓库、装卸机具、通信塔台、船坞等。

防波堤和码头

防波堤和码头是港口最主要的土木设施。防波堤位于港口最外围海域，能保护港口，阻止或减少波浪对港内的影响，也防止海岸漂沙流入。防波堤以大型沉箱或抛石建构的深水防波堤为主，有的外加消波块来保护堤身。

码头是系船设施，供船舶停靠与装卸，辅助设施有吸收撞击力道的护舷材、系缆设备、标示牌等。码头有岸边码头、水

2007年俄罗斯克斯托沃镇伏尔加河畔的临时浮码头，运送圣马卡里乌斯圣遗物的船在此暂停。（图片提供/GFDL，摄影/Vmenkov）

上码头、突堤码头和浮码头等类型。岸边码头是沿岸的挡土墙，顶部加平台；水深不足时可采用水上码头，是栈架支持的水上矩形平台，与海岸平行，并以栈桥连接陆地；突堤码头是由陆地伸向海中的突堤，以钢筋混凝土平台和支承系统组成；浮码头可随水面升降，以栈桥和陆地相连。

诺福克港是美国大西洋舰队司令部驻地，有足以让航空母舰停靠的巨大码头。（图片提供/US Navy）

港口的维护

土木设施都需要维护，才能维持正常运作和延长使用寿命。和河流、湖泊一样，港口也会淤积，沉积物来源为随着海流进入的漂沙，使港口深度逐渐变浅，最后船只将无法进入，港口也就失去功能，因此必须定期疏浚航道。疏浚的抽沙船或挖泥船

挖泥船的挖斗，正倒出挖起的淤泥。（图片提供/GFDL，摄影/Melburnian）

将泥沙从港口底部抽出或挖起，倾倒于外海，或用于沿岸填海工程。

单元 10

机场

（加拿大西北地区的钨机场，使用率低，只有跑道没有建筑物。图片提供/GFDL，摄影/Trevor MacInnis）

1903年莱特兄弟造出世上第一架飞机，机场的历史当然比飞机更短。早期飞机小且轻，对地面设施的要求不高，飞机场是块开阔平地，外加管理室、机库等。20世纪30年代开始有运输机出现，增加了重量、速度和运载量，需要更完善的机场设备配合。

塔台上的管制员可望见停机坪和跑道，观察并掌握机场内的状况。（图片提供/达志影像）

 ## 机场的设施

机场的规模与日俱增，现代一些大型国际机场，面积达1,500公顷，跑道长达4千米。机场的主体工程包括航站楼、跑道、指挥塔台及飞机维修厂房等，此外还有辅助的消防中心、气象站、旅馆等，规模更大的机场还会有专用的转运系统设施。在选择机场地点时，从地理、气象、生态等自然条件，到周边区域如禁航区、城市等人文条件，都要详细调查。机场设计规划与飞航安全、作业效率的关系密切，要特别注意人、货物、飞机的动线以及立体的视野。

关西国际机场是日本客运量第二大的机场，1994年启用，完全建立在人工岛上。图中左侧为第二跑道，右侧为航站楼和塔台。

最大的机场

目前规模最大的机场都在阿拉伯半岛。世界上面积最大的机场，是沙特阿拉伯达曼的法赫德国王国际机场，面积达780平方千米，比邻国巴林还大些，约等于3个台北市，是进出沙特阿拉伯东部的门户，兼营国内和国际线。机场大小依面积、处理的货运量和客运量来决定。阿拉伯联合酋长国计划在杰贝阿里辟建的阿勒马克图姆机场，可能是未来最大的机场，

迪拜世界中心计划的电脑模拟图，整个计划区面积是香港的两倍，目标是成为结合观光和金融的世界商业重镇，阿勒马克图姆机场是该计划的核心。（图片提供/达志影像）

面积140平方千米，2008年已完成一条4.5千米长的跑道，将有2座航站楼、6条跑道，预定2017年完工，可容纳每年1.2亿人次旅客。2009年全球最繁忙的机场，是美国亚特兰大的哈兹菲尔德机场，全年旅客人次近9,000万。

机场主要工程

跑道是机场的基本设施，供飞机起降、滑行，要能承受每一次飞机降落时的压力，因此必须符合高强度、高平整度、够粗糙以止滑、良好排水等条件。一般道路的铺面可分为沥青的柔性铺面与混凝土的刚性铺面，机场跑道以刚性铺面为主，因为刚性铺面结构较硬、强度较好。

指挥塔台是管理和控制各项飞行事务的中心，通常是机场内最高的建筑，

邻近地中海出口的直布罗陀机场，因直布罗陀半岛狭窄，空间不足，大部分跑道建于人工岛上。（图片提供/GFDL，摄影/Jnpet）

因为塔台管制员需要有良好的视野，以观察机场上空，以及跑道、停机坪上飞机的状态。航站楼是旅客接触最多的部分，因此国际机场的航站楼可以说是国家的大门，是跨国旅游者对该国的第一印象，为了有良好采光，一般以钢结构为主。

东京国际机场又称羽田机场，为了扩大规模，建造了D跑道，于2010年启用。图为施工中的栈桥部分，将连接跑道区和道路。（摄影/李维峰）

能源工程

（水坝是水力发电厂的重要部分，图为澳大利亚的哥敦水坝。图片提供/GFDL，摄影/Noodle snacks）

目前我们最普遍使用的能源是电力，其他的能源如水力、煤、核能等，要转换成电力才能使用。18世纪西方开始积极探索电的现象，1882年第一座发电厂在英国伦敦开始运转。发电厂发电后，以输变电设备将电力传送出去。

德国西北部的胡苏姆有1989年开始发展的第一代风力发电机，图中正更新为新式的兆瓦机组。（图片提供/达志影像）

发电厂

发电厂以发电机发电，驱动的动力源有水力和热力，前者以水落下的动能转动发电机，如水力发电厂；后者通过蒸汽驱动，如核能和火力发电厂。无论何种发电，发电机组本身重量极重，运作时又会发生振动，所在的地层必须有足够的承载力，因此地质勘察很重要。机组本身的防震工程也要纳入考量，应在结构工程中进行详细的计算，材料要有高强度。其中核能发电厂的巨型结构，其兴建材料与构造设计要特别考虑稳定性，以及辐射线隔离的安全性，并需引海水供蒸汽冷凝或冷却压力槽，因此还有取引水的工程。

台湾的第四核能发电厂又称龙门发电厂，图为施工工地。（图片提供/维基百科，摄影/Mastehr）

德国达特恩的火力发电厂，邻近多特蒙德—埃姆运河，便于运送燃料；中央低矮的粗"烟囱"为冷却塔。（图片提供/维基百科，摄影/Arnold Paul）

输变电设备

发电厂通常设立在偏远地区，产生的电力经由输变电设备输送到一般住家或商家。输电工程包括架空高架线路和地下电缆线路，前者有电塔、电线杆等，高压电缆为了减少地面空间占用和强力磁场，都使用铁塔架高，因此要符合防风标准。

以高压电输送电能减少能量损失，到达供电区域后，经变电设备降低电压才能使用。电力转换站称为变电所，设备包括变电器、自动灭火设备、绝缘开关、控制室、电容器等。变电所多设在人口密集区，以钢筋混凝土建造，避免使用可燃性材料，并具有防火功能，才能确保安全。

新能源的发电设备

关于未来的发电趋势，目前最热门的为潮汐发电和风力发电。除了机组本身的机电设计，还要考虑其他问题。潮汐发电是利用海水温差、潮差、波浪等进行发电，选择适当地点和方式才能有效发电，而建造时设备如何在海面上设置，以及选择能抗风沙与海盐侵蚀的建筑材料，都是重要的事项。至于风力发电，人类很早就懂得利用风力来产生动力，例如帆船、风车等，到了20世纪80年代，开始用风力来发电。发电用的风力发电机，必须设立在风期长、风力大而稳定的地点，要考虑整体结构物对风力的承受度，因为离地愈高风愈大。现代风力发电机已朝大型化发展，并有微电脑监控，可配合风况启动、转向，被称为"无人电厂"。

台湾宜兰县南澳乡的超高压电塔，翻山越岭将和平电厂的电力送往城市，输送电压高达34.5万伏特。（摄影/庄燕姿）

世界最大潮汐发电厂是法国的兰斯电厂，兰斯河口潮差为8—13米。图为模型：大坝下方有闸门和水轮机组，大坝上方为公路，因此兼有桥梁功能。（图片提供/GFDL，摄影/Clipper）

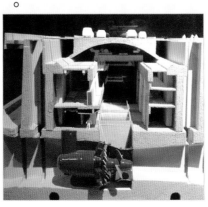

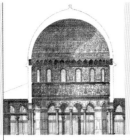

集会场所和体育场馆

（耶路撒冷圣岩圆顶寺的剖面图，这是现存最古老的伊斯兰教圣迹。图片提供/维基百科）

随着城邦与国家的出现，人们开始建造可容纳多人的大型建筑物，以进行各种集会，例如运动比赛、事务讨论、宗教祭典等，其中圆形、圆顶的集会场所和体育场馆设计最为突出。

圆形剧场

圆形是在相同周长的条件下，面积最大的几何图形。圆形剧场的平面为圆形或椭圆形，中央为表演的场地，周围是观众座席的露天独立建筑，能够提供观众最佳

古罗马竞技场是完全由石块和混凝土建成的独立建筑。图为内部的表演场和地下室。（图片提供/维基百科，摄影/Bjarki Sigursveinsson）

智利圣地亚哥的国家体育场，1938年启用，场地为椭圆形，可容纳6.7万名观众。（图片提供/维基百科，摄影/Max Montecinos）

的视野。这种建筑起源于古意大利，是用来观赏斗剑或斗兽的，因此也称为圆形竞技场，原本是在市镇广场搭建的临时木造看台，后来成为固定的建筑物，主要建材为石材，在中央场地下有复杂的地下室，包括通道、舞台效果用的机械室等。现存最早的圆形剧场位于庞贝，已超过2,000年，可以容纳近2万名观众。

圆顶建筑

古希腊人喜爱观赏体育竞赛，建有马蹄形体育场，有的是削切山坡而成。19世纪，西方人重燃对体育的兴趣，开始有大规模的观赏体育竞赛的活动，因而建造大型圆顶体育馆。圆顶可说是结合一连串拱圈的立体构造，但结构更稳固，加强基部的固定后，不需另加支撑。外观上又有独特的美感与气势，从

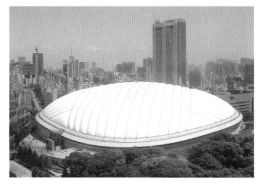

上：东京巨蛋是日本第一座室内棒球场，于1988年启用。（图片提供/GFDL，摄影/Carpkazu）

下：法国的国家工业技术中心，有世界最大的混凝土圆顶跨距，三角形扶壁边长为218米。（图片提供/GFDL，摄影/David Monniaux）

非圆形的集会场所

圆形并非大型集会场所的唯一选择。12世纪，哥特式大教堂诞生于法国，有别于之前仿罗马式建筑的圆拱屋顶，教堂采用尖拱、扶壁等结构，分摊了建筑本身的自载重，让墙壁可以变薄并装设大扇窗户让自然光照入，是结构与美感上都有创新的建筑设计。平屋顶的施工难度其实比圆顶低，现代的钢结构和钢筋混凝土使大型平屋顶得以实现，例如法国的蓬皮杜国家艺术和文化中心，是世界最大的文化中心之一，每层面积约7,000平方米。

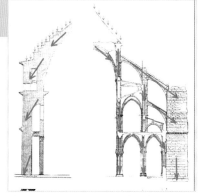

罗马式（左）和哥特式建筑结构的差异图，显示分担自载重的方式，及主要的支撑结构。（图片提供/维基百科，制图/Shakko）

宗教建筑罗马万神殿、圣母百花大教堂，到巴黎国家工业技术中心，都有壮观的圆顶。圆顶结构没有阻碍视野的梁柱，是现代大型体育场设计的首选结构之一，例如美国的路易斯安那超级巨蛋体育馆。目前最大的巨蛋是位于英国格林尼治的The O$_2$博览馆，内部空间超过8万平方米。

英国伦敦The O$_2$博览馆的屋顶直径达320米，由12座100米高的支柱上的2,600条缆绳支撑。（图片提供/维基百科，摄影/Debot）

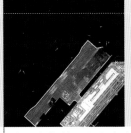

土地开发

（日本的关西国际机场位于大阪湾的人工岛上，图片提供/NASA）

　　土地开发是将原来未利用或经济价值低的土地，重新规划、建设，成为经济价值高的土地。现在的工业和城市规模都愈来愈大，土地需求也更加迫切，因此多数土地开发是供工业、商业和住宅使用。其中，填海造地工程的滨海工业区和人工岛，更是从无到有"变"出来的土地。

荷兰约有27%的土地低于海平面，17世纪工程师Leeghwater用风车抽出比姆斯特尔地区的水，造出全球第一片圩田；从水域开辟的低地称为圩田，中央低而四周高。（图片提供/达志影像）

滨海工业区

　　最早的工业发展，大多是零星无规划地分散在各地，后来渐渐发展出工业集中的工业区或科学园区，因为厂房的集中，许多设施可以共享，节省了许多开销。钢铁、石油化工等重工业，由于规模特别大，占地也广，不易在内陆找到适合的土地，若能设在港口附近，可节省陆地运输费用，直接进出口原料或产品。因此有一些国家便沿着海岸填海作为工业区用地，例如日本东京湾原只在西

香港19世纪已开始填海造陆工程，现在仍陆续进行。图为中环填海计划第3期工地，于2011年完工。（图片提供/GFDL，摄影/ChvhLR10）

岸东京—横滨一带有工业区，第二次世界大战后，便往东岸的千叶县发展，成为京叶工业带，其中部分是填海而成。填海造陆是先用沉箱、块石或其他材料在海中筑一道围堤，将预定建厂的海面围起来，然后以抽沙船在其他被核准的海域抽取海沙，填入围堤内，创造出新生地。由于新填的土地松软，常面临土壤液化、承载力不足或沉陷量过大等问题，因此必须利用动力

夯实工法，改良地质，才能使用。

人工岛

人工岛也是一项造陆工程，但不是沿着原来的海岸扩大土地，而是从海中建造出来。世界最著名的人工岛就是迪拜波斯湾内的棕榈群岛，一共3座，每座岛都设计成棕榈树状，外围则呈弯弯的新月状。岛上的主要设施是用于商业和居住，有极豪华的饭店、别墅、购物中心、运动设施等。朱美拉棕榈岛最早开发，其他两座是杰贝阿里棕榈岛和德拉棕榈岛。前两座岛使用了1亿立方米的沙与石，第三座约使用10亿。周围环绕的弯月其实是防波堤，依靠卫星定位和潜水人员的帮助，将每块岩石一一放在各自的位置，整个工程十分浩大。

迪拜海岸的大陆架宽广，因此能实行如此大型的棕榈群岛工程。图为朱美拉棕榈岛，其外围有11千米长的防波堤。（图片提供/NASA）

环境敏感地区

环境敏感地区是指有些地区具有自然或人文的资源，或是极易因开发而产生自然灾害，因此土地使用的类别和程度都必须特别谨慎，现在许多国家和地区都订立相关的法令来保护。环境敏感地区包括：生态敏感地区、自然景观敏感地区、文化景观敏感地区、资源生产敏感地区和天然灾害敏感地区等。为了让土地物尽其用，并不是限制愈多愈好，而是应谨慎进行评估和规划，因此有些环境敏感地区还是允许有原则性地发展的。

新万锦湿地是韩国最重要的水鸟栖息地之一，单日最大过境候鸟数超过15万只。图为2006年完工的海堤，长33千米，属于新万锦填海计划工程，但农地需求已减少，该计划不仅过时，也使候鸟数量减少。（图片提供/NASA）

土木工程与环境

（德国一栋在屋顶装设太阳能板的房子，图片提供/维基百科，摄影/Markus Braun）

每一项土木工程都需要使用土地及各种材料，施工过程中又会消耗许多能源，因此和地球环境、资源的关系十分密切。1987年联合国世界环境与发展委员会提出"可持续发展"的理念和政策，已成为全球的课题，而土木工程界如何应对？此外面对日益不足的土地，土木工程又该如何发展？

可持续发展

可持续发展的目标是减少自然资源消耗，并降低对环境的冲击，从设计、施工，到后来的养护、拆除等阶段，都要以此为目标。相关的措施很多，例如在规划阶段要进行环境评估，包括自然环境、生活环境和文化环境等；建筑物方面推广"绿色建筑"观念，以达到日常节能节水、基地能涵养水分、二氧化碳减排、垃圾污水改善、废弃物减量和绿化等目标；公共工程则推行"生态工法"，强调使用当地的材料、容易维护更新、配置因地制宜、设施具多孔性和透水性、自然生态的保护等。此外，对废弃物的回收再利用也是重要措施，例如废玻璃屑可作为沥青混凝土的添加料，废铁可变成炼钢的原料。

加拿大的马尼托巴水电局，是北美洲最有能源效益的建筑物之一，比国家标准还节省60%以上的能源。（图片提供/维基百科，摄影/Jim Jaworski）

寻找新的空间

现代都市空间不足，许多工程师都在研究新空间的开发，包括地下、天空与海上。加拿大第二大城蒙特利尔拥有一个庞大的地下城市，从1962年开始发展，至今内部有长达30千米的人行步道、60座大厦和便

废建材回收事业渐受瞩目，回收的废木材可再加工为建材、家具材料或供燃烧用。图为澳大利亚的木建材回收场。（图片提供/达志影像）

利的地铁系统，每天的客流量高达50万人。1989年日本的竹中工务店提出"Sky City 1000"的超大型高楼计划，地点在寸土寸金的东京，高度将达1,000米。高楼主要由14个大型平台组成，有学校、戏院及独立的交通网等，生活机能自给自足。日本大成建设公司于1995年提出"X-SEED 4000"计划，预定在东京湾外海建立大型金字塔建筑，外形仿照日本人最喜爱的富士山，高达4,000米，共800层，可容纳100万居民，将自然环境和现代都市结合起来。

动手做拱桥

桥梁专家罗伯林曾说"三角形是最不易变形的几何形状"，来试着用纸折的三角柱，组成坚固的纸制拱桥。材料：西卡纸、笔、刀片、直尺、透明胶带、2个小纸盒。

（制作/杨雅婷）

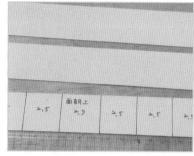

1. 裁切数条3厘米宽的西卡纸，以2.5厘米为间隔画格线，每3格则画1格宽2.7厘米的格子。
2. 将纸条凹折成三角柱状，2.7厘米宽的格子要在上侧。

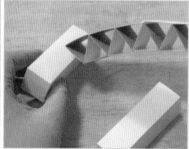

3. 用透明胶带粘贴固定每个三角柱的衔接处。
4. 贴好后，因为上侧比下侧长，自然会成为拱桥；两端各固定小纸盒当作桥墩。

加拿大蒙特利尔著名的地下城，长达30千米的隧道穿梭在面积超过12平方千米的地下。图为地下城核心之一伊顿中心，可进入地下城和地铁。（图片提供/达志影像）

英语关键词

土木工程 civil engineering	运输 transportation
建筑 construction/building	路 road
营建材料 material of construction	高速公路 freeway
砖 brick	立交桥 interchange
波特兰水泥 Portland cement	铁路 rail road
钢筋混凝土 reinforced concrete	火车 train
结构工程 structural engineering	高速铁路 high speed rail
柱 column	隧道 tunnel
梁 / 桁 beam	全断面隧道钻掘机 Tunnel Boring Machine / TBM
拱 arch	拱桥 arch bridge
自载重 dead load	吊桥 suspension bridge
活载重 live load	斜张桥 cable stayed bridge
载重 dynamic load	跨距 / 跨 span
阻尼 damping	明石海峡大桥 Akashi-Kaikyo
大地工程 geotechnical engineering	港口 port
地基 / 基础 foundation	码头 wharf/dock/pier

防波堤　breakwater / jetty

疏浚　dredging

机场　airport

跑道　runway

飞航管制塔台　air traffic control tower

水利工程　hydraulic engineering

水库　reservoir

水坝　dam

拱坝　arch dam

重力坝　gravity dam

环境工程　environmental engineering

下水道　sewerage / sewer

污水处理厂　sewage treatment plant

废弃物　waste

废弃物处理　waste treatment

焚化炉　incinerator

掩埋场　landfill

能源工程　energy engineering

发电厂　power plant

发电机　generator

输电线　power transmission line

变电所　distribution substation

圆形剧场　amphitheatre / amphitheater

罗马竞技场　Colosseum

体育场　stadium

巨蛋　dome

土地开发　land development

新生地　reclaimed land

人工岛　artificial island

棕榈群岛　The Palm Islands

可持续发展　sustainable building

1 是非题。以下关于土木工程的叙述，对的请打✓，错的打✕。

（　）土木工程的完成包含材料、设备和技术三大项目。

（　）17世纪伽利略的结构定量分析使土木工程开始有理论基础。

（　）土木工程只包括房屋建筑和交通建设。

（　）材料的突破是土木工程发展的关键点。

（　）古代中国长城的建设，全部都采用砖石。

（答案在06—09页）

2 以下对结构工程和大地工程的描述，错的请打✕。（单选）

（　）结构工程研究各种建筑物的主体，如梁、柱、楼板等。

（　）结构工程要考虑三类载重：自载重、活载重、动载重。

（　）大地工程师的主要工作，是了解地质条件和工程性质的相互影响。

（　）营建工程只要负责地面建筑物。

（　）基础工程可分为浅基础和深基础。

（答案在10—13页）

3 连连看。左列交通运输的相关名词和右列哪项叙述相符?

高速公路・　　　　　・施工省力精确，引起的振动比火药小

日本明石海峡大桥・　　・供凸缘轮车辆行走的两条平行钢轨

隧道钻掘机・　　　　・运营速度超过时速200千米的铁路

轨道・　　　　　　・没有红绿灯，并减少出入口的公路

高速铁路・　　　　　・世界最长的吊桥

（答案在14—17页）

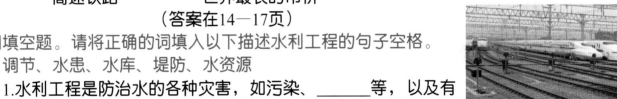

4 填空题。请将正确的词填入以下描述水利工程的句子空格。

调节、水患、水库、堤防、水资源

1.水利工程是防治水的各种灾害，如污染、_____等，以及有效地利用_____。最常用来解决水患问题的方式是_____和疏导。除了水"量"的_____，保持水资源的"质"也很重要。

2.水利工程除了较地区性的堤防、蓄水池，还有规模更大的_____和灌溉系统。

（答案在18—19页）

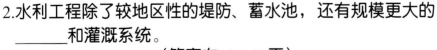

5 下列关于环境工程的叙述，正确的请打✓。（多选）

（　）环境工程解决和防治各种环境问题，范围十分广泛。

（　）雨水和污水分开排放，是因为前者不须做污水处理。

（　）污水处理厂只处理家庭污水。

（　）焚化法是处理废弃物的最终方法。
（　）卫生掩埋法主要用于一般垃圾。

（答案在20—21页）

6 连连看。右列设施属于左列的哪种交通运输系统?

公路·　　　·码头
　　　　　　·跑道
机场·　　　·防波堤
　　　　　　·交流道
港口·　　　·指挥塔台

（答案在14—15、22—25页）

7 是非题。下列关于能源工程的叙述，对的请打✓，错的打✕。

（　）驱动发电机的动力源有水力和热力。
（　）目前我们最普遍使用的能源是核能。
（　）核能发电厂不需要取引水的工程。
（　）输电工程包括架空高架线路和地下电缆线路。
（　）以低电压输电能减少能量损失。

（答案在26—27页）

8 填空题。下列名词和哪句叙述相符? 请填入数字。

1.庞贝 2.圆顶 3.The O_2 博览馆 4.圆形

_____：结合一连串拱圈的立体构造，但结构更稳固。
_____：相同周长的条件下，面积最大的几何图形。
_____：目前世界最大的巨蛋。
_____：现存最古老的圆形剧场所在地。

（答案在28—29页）

9 下列关于土地开发的句子，哪些是"错误"的? （多选）

1.重工业设立在港口附近，可节省陆地运输的费用。
2.土地开发可作为工业、商业和住宅使用。
3.人工岛是从海岸扩大出去的土地。
4.棕榈群岛的建设工程使用卫星定位技术。
5.填海的新生地地质坚实，不必担心沉陷问题。

（答案在30—31页）

10 是非题。下列关于土木工程未来趋势的叙述，对的请打✓，错的请打✕。

（　）可持续发展的理念已成为全球的课题。
（　）可持续发展的目标是减少自然资源的消耗、对环境的冲击。
（　）生态工法是多多使用进口建材。
（　）未来可能的新空间来源有地下、空中和海上。
（　）废弃物和二氧化碳减量是绿色建筑的目标。

（答案在32—33页）

我想知道……

开始！

这里有30个有意思的问题，请你沿着格子前进，找出答案，你将会有意想不到的惊喜哦！

土木工程之父是谁？
P.07

古代中国长城是如何建造的？
P.07

什么是

什么是地下水库？
P.19

焚化法特别重视哪种污染的防治？
P.21

有害垃圾要采用哪种方式处理？
P.21

太棒得美牌。

水库通常都选择在哪种地形兴建？
P.19

日本第一座室内棒球场是哪里？
P.29

填海造出的地容易发生什么问题？
P.30

加拿大哪个城市有庞大的地下城市？
P.32

世界最大的混凝土重力坝在哪里？
P.18

太厉害了，非洲金牌也是你的！

庞贝的古罗马竞技场可容纳多少观众？
P.28

圆形剧场起源于哪里？
P.28

颁发洲金

高速铁路的运营速度超过时速多少？
P.17

城市的轨道交通系统为什么通常铺设在地下？
P.17

桥梁的类型有哪些？
P.15

"条条大马"这句么来的？

混凝土？

P.09

现代水泥是哪国人发明的？

P.09

法国埃菲尔铁塔是什么结构的代表？

P.10

不错哦，你已前进5格。送你一块亚洲金牌！

现代房屋最普遍的结构是什么？

P.10

了，赢洲金

防波堤有哪些功能？

P.23

机场跑道常采用哪种铺面？

P.25

风力和建筑物高度有什么关系？

P.11

太好了！你是不是觉得：Open a Book！Open the World！

世界第一座发电厂在哪里？

P.26

什么是阻尼器？

P.11

大洋牌。

哪种发电厂被称为无人电厂？

P.27

高压电缆为什么要用铁塔架高？

P.27

比萨斜塔是故意盖斜的吗？

P.13

路通罗话是怎

P.15

立交桥有什么功能？

P.14

获得欧洲金牌一枚，请继续加油！

隧道钻掘机TBM有什么优点？

P.14

图书在版编目（CIP）数据

土木工程：大字版 / 李维峰，王昭雯撰文．—北京：中国盲文
出版社，2014.8
（新视野学习百科；57）
ISBN 978-7-5002-5255-9

Ⅰ．①土… Ⅱ．①李…②王 Ⅲ．①土木工程 - 青少年读物
Ⅳ．① TU-49

中国版本图书馆 CIP 数据核字 (2014) 第 176772 号

原出版者：暢談國際文化事業股份有限公司
著作权合同登记号 图字：01-2014-2055 号

土 木 工 程

撰　　文：	李维峰　王昭雯
审　　订：	吴伟特
责任编辑：	张文韬　于　娟
出版发行：	中国盲文出版社
社　　址：	北京市西城区太平街甲 6 号
邮政编码：	100050
印　　刷：	北京盛通印刷股份有限公司
经　　销：	新华书店
开　　本：	889×1194　1/16
字　　数：	33 千字
印　　张：	2.5
版　　次：	2014 年 12 月第 1 版　2014 年 12 月第 1 次印刷
书　　号：	ISBN 978-7-5002-5255-9 / TU · 1
定　　价：	16.00 元

销售热线：　(010) 83190288 83190292　　　　　　版权所有　侵权必究

绿色印刷　保护环境　爱护健康

亲爱的读者朋友：

　　本书已入选"北京市绿色印刷工程—优秀出版物绿色印刷示范项目"。它采用绿色印刷标准印制，在封底印有"绿色印刷产品"标志。

　　按照国家环境标准 (HJ2503-2011) 《环境标志产品技术要求 印刷 第一部分：平版印刷》，本书选用环保型纸张、油墨、胶水等原辅材料，生产过程注重节能减排，印刷产品符合人体健康要求。

　　选择绿色印刷图书，畅享环保健康阅读！

北京市绿色印刷工程